一步一步地讓麵團慢慢發酵，
烘焙出來的天然酵母麵包，
擁有最豐富的濃郁麥香，及外皮酥脆的口感，
是所有麵包愛好者無法抗拒的美食。

然而，培養酵母麵包的生種時，
必須費些心思控管適當溫度；
漫長地等待發酵。
對烘焙初學者而言，實在是件頗具難度的大工程。

以麵包機製作天然酵母麵包，
便成了健康麵包最方便的作法。
只要簡單地按下按鍵，即可開始培養生種‧揉麵‧發酵……
如此耗時耗力的工作，全部一機搞定，絲毫不費氣力。

設定好天然酵母麵包的生種＆水量，按下開始鍵。
接著將培養完成的生種與其他配料依序放入，再次按下開始鍵，
就是這麼的簡單，完全沒有任何繁瑣的程序。
噹噹！香味四溢的天然酵母麵包毫不費功夫就完成了！

本書也因應許多麵包愛好者的要求，
介紹了多種不使用雞蛋‧乳製品‧砂糖等減輕負擔的健康食譜。

動手吧！坐而言不如起而行，
試著烘焙讓全家人吃得安心又美味的迷人天然酵母麵包吧！

麵包機OK！

初學者也能作
黃金比例の天然酵母麵包

不添加蛋‧乳製品‧砂糖的幸福好味

前言

近年來，天然酵母麵包廣受討論且人氣不斷高升，

最大的原因，除了好吃，還是好吃。

透過咀嚼，麵粉的麥香與柔和的甜味慢慢在口中擴散開來，

尤其是偏好麵包外皮濃醇的焦香，懷有「我就是想吃這裡！」的愛好者，

更是無法自拔地迷戀著天然酵母麵包。

話雖如此，光是酵母的培養就要花上5天時間，加上製作生種又要再耗費些許日子。

即使直接使用天然酵母原種來培養，溫度的管理又是一門大學問，

對於每天忙得團團轉的現代人而言，真是難以完成的大工程……

因而打退堂鼓的人也不在少數。

因此，具有製作**天然酵母麵包功能**的麵包機便成了烘焙界的閃亮新星。

將市售的天然酵母種與水加入混合，一鍵設定，24小時後生種便可不敗完成。

接下來，只要將生種與麵包的材料放入麵包容器內，按下開始鍵即可。

完全沒有任何複雜的過程，等待美味的天然酵母麵包烘烤完成，便大功告成了！

與速成麵包相較，多花了些許時間等待酵母種發酵，

所以毋須再添加使其加快發酵的砂糖或使口感變軟的脫脂奶粉等。

可以最單純的材料，帶出麵粉最原始、最醇厚的小麥香氣。

速成麵包在烘烤後的數小時內，是最佳的食用時機；
而天然酵母麵包則**可以隨著時間沉澱出熟成有深度**的好滋味。
宛如品酒一般，品味那千變萬化的層次美味，也是味蕾的一大享受。

想盡可能地把天然又美味麵包獻給全家人！
可是真的沒有時間……有這種無奈的你，一定一定要試試
以麵包機製作的天然酵母麵包。

在本書中特別介紹了許多不使用蛋、乳製品、上白糖的食譜。
簡單地說，就是甜度的表現上，**不使用任何的上白糖**，
而是以蜂蜜、洗雙糖（若無，可使用黍砂糖）、日本黑砂糖、水果乾或蔬菜等來提味。
即使無過敏體質的人，也務必要試看看這些食譜喔！

※上白糖為日本白砂糖。

天然酵母麵包

天然酵母麵包是指麵團因酵母發酵而膨脹製成的麵包。因此，酵母是製作麵包的必備材料。
正如其名，天然酵母是由水果、穀物等天然食材中取得的酵母，經過一定的時間，依其在自然界中的原始形態培育出之物。而使用天然酵母作成的麵包，即為天然酵母麵包。雖然市售天然酵母的種類五花八門，但本書使用的是發酵力最為安定的日本星野天然酵母種。
利用麵包機製作麵包時，經常使用的市售速發酵母粉，則是由大自然中的酵母採取適合麵包發酵的物質，再經由化學培養製成的。

Contents

清爽的輕甜點　黃金吐司

由同一種麵團變化出多款風味麵包
手感成型麵包！

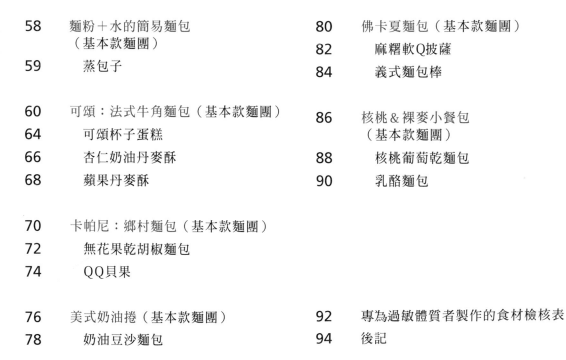

日本國產高筋麵粉

與其他國家的小麥相比，發酵力較低，不適合用來作柔軟膨鬆的麵包，但口感極富彈性且質地軟Q是其一大特色。另外，也推薦給想購買農藥低殘留小麥麵粉的人。本書使用的是北海道出產的「Haruyutaka blend」與「Haruyutaka」兩款。另一項優點則是與星野天然酵母十分合拍。

本書
使用的
主要食材

以下將介紹本書使用的主要食材，
及一些不常見甚至鮮少聽聞，
但極力推薦嘗試的食材。

星野天然酵母種

採用日本國產農藥低殘留的米與日本國產小麥粉為原材，經酵母培養麴釀而成的天然酵母種。在培養過程中不使用任何添加物。由於發酵力穩定，成為各款式麵包機指定使用的酵母種，再加上能巧妙抑制酒味與酸味，可完美烘焙出麵包最自然的風味、味道與香氣，因而廣受好評。

玄米粉（糙米粉）

將含有豐富膳食纖維、維他命、礦物質的糙米加工成粉狀。

裸麥麵粉

低脂肪且具豐富礦物質與纖維質。雖說因麩質蛋白形成度較低，不利於麵包的膨脹，但對麩質蛋白會過敏的人，卻不失為極佳的選擇。本書使用經由有機JAS認證的100％裸麥粉【安心素材】系列。

全麥麵粉

不去除小麥表皮與胚芽等的麥糠直接磨成粉狀。富有維他命、礦物質與纖維質等，若以米來比喻，是猶如糙米之物。本書使用「江別製粉」的全麥麵粉，優點是沒有全麥麵粉的強烈味道。開封後請置於冰箱冷藏保存。

燕麥粉

即燕麥磨成粉狀。是一種比糙米富含更高膳食纖維、蛋白質與礦物質的高營養價值穀物。由於外觀保有完整小麥的形狀，因此更具獨特的口感。本書使用【日本安心素材】系列。100％使用美國‧奧勒岡州認證團體OTCO認定的有機栽培。

水果乾

1.葡萄乾　2.無花果乾　3.乾燥糙米
4.芒果乾　5.甜栗　6.黑豆甘納豆　7.梅乾

富含豐富膳食纖維、礦物質等的水果乾，其天然甜味更能引出天然酵母麵包的香氣。「Currant無核葡萄乾與Raisin葡萄乾是一樣的嗎？」是經常被提及的問題之一。簡單而言，Currant無核葡萄乾意即山葡萄（或野生葡萄），屬於Raisin葡萄乾的一種。具有強烈的酸甜口味，因此非常適合與天然酵母麵包作搭配。

杏仁粒

將無鹽杏仁磨成細砂顆粒狀。在本書食譜中，無論帶皮、去皮，皆可使用。

洗雙糖

洗雙糖意即將甘蔗榨取後的糖液，經過過濾、熬煮後的結晶產物。由於無化學精製的程序，比上白糖的礦物質多了20倍（日本黑砂糖約70倍）。本身極易上味，要避免於周遭擺置其他味道強烈的材料。若能裝入密封瓶內保存更佳。

杏仁粉

將無鹽杏仁磨碎後製成的粉狀物。在本書食譜中，無論帶皮、去皮，皆可使用。

黍砂糖

甘蔗尚未完全精製成砂糖前的砂糖液熬煮而成之物。保留甘蔗的原始風味，且含有豐富的礦物質為其最大特徵。若以米來比喻，是猶如胚芽米之物。

豬油　※茹素者請將葷料改為素料。

將豬脂肪精製而成的食用油脂。能帶出食材原本的風味與濃厚的味道。這次嚴選自鹿兒島產黑豬精製而成的「陣之內工房」豬油。由於每頭豬至多只能抽取出500g的腹脂，因此無法量產。無人工添加物。油脂清爽、無腥臭味是其最大特徵，並且具有能使麵包發酵得更為柔軟、膨鬆的優點，所以強力推薦給大家。當然也可使用在平時的料理上。

cuoca shop

cuoca是日本販售麵包、和菓子材料及器具的專門店。由於販售的品項多樣又豐富，深受日本專業蛋糕職人或是料理研究者的喜愛，在業界頗負盛名。本書中所使用的材料也都可以從cuoca shop購買。

cuoca的4家日本直營店分別位於福岡、高松、新宿、自由之丘。除了實體店鋪之外，商店官網亦設有線上購物的服務。另外，網站上收錄許多如「3款麵包機大集評」及員工部落格「麵包機的生活」等豐富的資訊，不論是使用麵包機的初學者或使用超過10年的老手，皆極具參考價值，在此推薦給大家，記得上網一探究竟喔！

http://www.cuoca.com/

cuoca shop福岡
地址：福岡縣福岡市中央區今泉1-18-25
營業時間：10:00至20:00（無休）

cuoca shop高松
地址：香川縣高松市木太町1區76
營業時間：10:00至19:00
　　　　　（固定休星期三）

cuoca shop新宿
地址：東京都新宿區新宿3-29-1
新宿三越B2F
營業時間：11:00至21:00（無休）

cuoca shop自由之丘
地址：東京都目黑區綠が丘2-25-7
cuoca shop自由之丘「sweets-forest」1F
營業時間：10:00至20:00
　　　　　（固定休星期一）

以製作天然酵母麵包為例，
可以這樣安排時間

使用麵包機來烘焙天然酵母麵包，全程約需花費7個小時。
為了能在早晨吃到剛出爐的熱騰騰麵包，
或者想在下午茶的最佳時機端上桌，
就來介紹製作天然酵母麵包的最佳規劃時程吧！

吐司

星期四
晚上9:00
使用麵包機製作生種。

星期五
晚上9:00
24小時後，完成生種培養！
設定時間，按下吐司品項開始鍵！

晚安囉！

星期五
晚上12:00
開始製作麵包
揉麵
↓
發酵
↓
烘烤

星期六
早上7:00
完成！

有著熱騰騰麵包
迎接的早晨！

手感成型麵包

星期五
早上8:00
使用麵包機製作生種。

星期六
早上8:00
24小時後，完成生種培養！
接下來，選擇製作麵包麵團品項！

星期六
中午12:00
麵團完成！
取出麵團。
（到此完成了1次發酵。→讓麵團靜置30分鐘）

12:30
成型。
重覆擀平麵團再揉圓的動作

2次發酵開始！
（約1小時30分）

2:15
發酵完成。
以烤箱烘烤。

3:00
完成！

立愿享受悠閒的
午茶時間♪

★若有添加蛋、乳製品、生鮮蔬菜或水果等配料時，請勿使用預約功能。

烘焙天然酵母麵包之前，請詳閱此頁！

麵包機的操作訣竅 Q&A

想要使用麵包機烘烤出美味的天然酵母麵包，要先掌握一些要領。
以下將為大家介紹箇中訣竅&經常被提問的問題。
由於麵包機會依廠牌與機種的差異，而各有其特性，
請一邊使用自家的麵包機，一邊研究，試著掌握機器的特性，
也是作出美味的天然酵母麵包極為重要的因素呢！

Q 能使用自家製的的天然酵母嗎？

A 由於發酵力不安定，所以不一定會成功。本書使用發酵力穩定的「星野天然酵母種」。

Q 天然酵母麵包種或生種的保存方法為何？

A 天然酵母麵包種需確實密封後，置於冰箱冷藏中保存。請務必檢視其賞味期限。製作好的生種要直接置於容器內，以專用盒蓋或保鮮膜封口，保存於冰箱冷藏室中，並於5天至1週內使用完畢。

Q 即使依照食譜製作，但麵包成品的高度和外型，卻與本書所示的不同，是什麼原因呢？

A 麵包就像是有生命之物，會因室溫、水溫、配料的性質及麵包機的機種差異，使得生種的發酵狀態或烘烤高度，產生些許的變化。但是若發現實在差距太大的時候，則要確認是否有遺漏、放錯材料或材料是否依照材料表的順序放入。

Q 奶油需要使用無鹽奶油嗎？

A 原則上是希望能使用無鹽奶油，但若是只需要加入不到10g奶油的食譜，則使用含鹽奶油也無妨。

Q 有沒有所謂適合製作麵包的水？

A 最近作為飲用水或經特殊製程而頗具話題的鹼性離子水，由於會抑制天然酵母菌的作用，得盡量避免使用。自來水一般平均來看，傾向鹼性的地區似乎比較多。以pH7的中性水質為界，數字愈大呈鹼性，數字愈小呈酸性，也可自行詢問當地自來水公司。但是即便使用到稍微偏鹼的水質，也不致於到讓麵包製作失敗的程度，因此並不需要過於在意水質的酸鹼問題。

Q 有沒有所謂適合製作麵包的水溫？

A 有的。最適合麵團發酵的溫度，大約是28℃左右。在製作時，必須配合夏天與冬天的溫度，適時改變水溫。基本上，室溫若是在28℃以上，則使用約5℃的冷水製作。另外，麵粉、砂糖、奶油等材料也需先在冰箱冷藏後再使用，麵包機也要放置於陰涼處。冬天時，室溫若在10℃以下時，則使用大約30℃的溫水即可。

Q 可以使用非日本產的進口小麥嗎？

A 由於本書皆以日本國產小麥為主，若改成進口小麥麵粉，烘烤後麵包膨脹程度等，將會與本書有很大的差異。

Q 麵包成型時，麵團因具有黏性而不易擀平該怎麼辦？

A 請在揉麵板或作業檯上撒上一層手粉。

Q 中途從麵包機中取出麵團，進行成型作業時，需要關閉電源嗎？

A 毋需關閉電源。結束揉麵製成進入發酵後，先確認葉片停止運轉後，迅速將麵團從容器中取出成型，完成作業後再放回容器內。操作期間，請維持麵包機的上蓋為打開狀態即可，並請在10分鐘內完成成型作業。

Q 是不是烘烤完畢就得馬上取出麵包？

A 當蜂鳴器發出烘烤完成的響聲時，請馬上從麵包機中取出容器，先讓麵包留在容器內數分鐘後，再將麵包取出。因靜置幾分鐘後，較容易從容器中取出。但還是要注意，若靜置時間超過5分鐘以上，麵包表皮可能會因為吸收過多水分，而出現皺紋。

Q 有沒有什麼訣竅，可以將麵包切得更漂亮？

A 烘烤完畢後，不要馬上切片，從容器取出後，先讓麵包靜置冷却較好下刀。基本上建議使用麵包刀。

Q 無法馬上食用時，如何保存最適宜？

A 待麵包降溫後，裝入塑膠袋內置於室溫下保存即可，請勿放入冰箱冷藏！因為冰箱過於乾燥，會讓麵包味道逐漸劣化。另外，天然酵母麵包在室溫下，會隨著時間的增加，讓風味逐漸成熟豐厚。除了夏天較易讓食物腐壞之外，都建議直接置於室溫下保存即可。

Q 吃不完的麵包要放冰箱冷藏還是冷凍庫呢？

A 冬天時，將剩餘麵包放入塑膠袋裡，確實封口後，約有2至3天的賞味期限。但切記不要事先切片。夏季時，則需放到冷凍庫保存！這種情形下，無論是不切片保持原狀，或為了易於食用而切成薄片都OK。但是，必須使用保鮮膜或塑膠袋來隔絕空氣，確實地將麵包包好。

Q 有沒有使冷凍過的麵包變好吃的方法？

A 馬上要吃的情況下，可使用噴霧器在麵包表面噴上水氣後，再放入烤吐司機中烤過。若時間許可，建議可先讓麵包在室溫下回溫後，再以烤吐司機烘烤。若是糖度高的麵包或手感成型麵包，可從冷凍庫中取出後，直接冰冰涼涼地食用也別有一番風味喔！

Q 請告訴我作麵包時必備的工具。

A 其實並不需要什麼特別的工具。製作吐司時，必備的器具大概就是磅秤吧！作手感成型麵包時，若有準備料理刀、揉麵板、擀麵棍、篩麵粉用的濾網、尺、烘焙用剃刀，肯定更能利其事。當然，還有切割麵團的刮板、或是有用來塗蛋液、果醬的毛刷，那就更是如虎添翼了。不過，就算沒有也無傷大雅。總之，當你有「好想作看看！」的衝動時，就放手一搏吧。

Q 是不是一定要使用電子秤呢？

A 如果可以，建議還是使用電子秤。雖然毋須像使用乾酵母菌烘烤麵包那樣嚴格要求用量，但是若想要利用麵包機烘烤出美味麵包，建議購買一台標準的電子秤。不過，如果手邊暫時無法取得電子秤，卻等不及想要製作麵包，可參考P.11所附以量匙代替的計量換算表。使用麵包機製作，不致於因為細微的分量差異，而導致整個製作失敗。

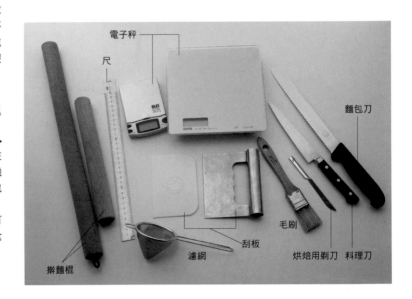

電子秤
尺
麵包刀
毛刷
刮板
濾網
烘焙用剃刀 料理刀
擀麵棍

本書中刊載的天然酵母麵包食譜，乃由市售機種中，
具有天然酵母麵包品項機能的6款麵包機來試作&研究。

MK精工
麵包達人 HB-100

1斤專用。指定的天然酵母為「星野天然酵母種」。特色是可依照喜好，自由選定發酵的時間。另外，因為揉麵、發酵、烘烤的機能可獨立使用，在製作像是途中取出成型的肉桂卷，或將其他配料加入麵團類型的麵包時，就顯得格外方便！

MK精工
麵包達人 HBH917

可烘烤至1.5斤的分量。指定的天然酵母為「星野天然酵母種」。特色是在麵團製作過程中，可依喜好自由設定發酵時間。此外，還具有製作饅頭麵團、果醬及以約市售1/2的價格就能製作出養樂多等特殊的功能。

National
麵包機 SD-BT153

可烘烤至1.5斤的分量。指定的天然酵母為「星野天然酵母種」。具有將葡萄乾或堅乾果等中途自動投料的功能，另有製作丹麥風吐司、烏龍麵團、義大利麵團等品項。還能設定在60分鐘內從「烹調」至「揉麵」全自動完成的機能。

以下是幾款
能計量至0.1g單位的電子秤

DRETEC
pocket scale 100 PS-010BK
最大可秤重至100g。Amazon（http://www.
amazon.co.jp/）或日本樂天市場（http://
www.rakuten.co.jp/）、日本全國大型超級市
場、大型電器行、日本全國東急手創館、
LOFT等均有販售。廠商建議售價為6300日
圓。

株式會社 DRETEC
地址：埼玉縣川口市東川口2-3-1
HAIESUTO 2F
http://www.dretec.co.jp/profile.

A&D
compact scale HJ-150
可秤重範圍0.2g至150g。Amazon
（http://www.amazon.co.jp/）或日本樂
天市場（http://www.rakuten.co.jp/）、
Yahoo!shopping（http://yahoo.co.
jp/）、日本全國東急手創館、部分電器行
等均有販售。廠商建議售價為4935日圓。

株式會社 A&D
地址：東京都豐島區東池袋3-23-14
http://www.aandd.co.jp

Tanita
pocket scale handymini（機型：
1476）
Amazon（http://www.amazon.co.jp/）或日本樂天
市場（http://www.rakuten.co.jp/）日本全國大型
超市、大型電器行、LA CUCINA FELICE AOYAMA
東京都 谷區神宮前5-46-16 電話：03-3498-3208
營業時間：11:00至20:00（每週三休）、CUOCA
SHOP（參照P7）等，均有販售。
廠商建議售價為15,750日圓（含稅）

株式會社Tanita
地址：東京都板橋區前野町1-14-2
http://www.tanita.co.jp/

材料計量換算表

利用電子秤精準地計秤重量，
可烘焙出更加美味的麵包，
但如果你手邊剛好沒有電子秤，
又等不及想要大展身手，
可參考以下大小量匙換算計量的
換算表。

材料名稱	小量匙（5cc）	大量匙（15cc）
全麥麵粉	2.1g	7.4g
燕麥粉	6.0g	2.1g
裸麥麵粉	1.8g	6.5g
蕎麥麵粉	2.2g	8.7g
糙米粉	1.7g	5.1g
雜糧mix麵包專用粉	8.0g	3.2g
杏仁粉	5.6g	1.8g
杏仁粒	6.5g	2.4g
黑芝麻	3.0g	6.0g
無核葡萄乾	4.0g	12.0g

National
麵包機SD-BT113

1斤專用。指定的天然酵母
為「星野天然酵母種」。
具有將葡萄乾或堅乾果等
中途自動投料的功能。可
製作深富濃郁奶油風味的
丹麥風吐司。還附有製作
烏龍麵團與義大利麵團等
品項功能。

National
麵包機SD-BT103

1斤專用。指定的天然酵母
為「星野天然酵母種」。
具有將葡萄乾或堅乾果等
中途自動投料的功能，可
搭配預約功能，即使是夜
晚或外出時，也能烘烤出
需要中途加配料的麵包，
便利性十足。還附有製作
披薩麵團與蛋糕等品項功
能。

ZOJIRUSHI
PANCLUB BB-HB10

1斤專用。指定的天然酵母
為「星野天然酵母種」。
由於具有天然酵母披薩麵
團的品項，喜歡披薩的你
絕不能錯過。也有製作餅
乾、義大利麵團、蛋糕、
果醬等品項功能。

酵母生種
的培養法

具備天然酵母麵包品項功能的麵包機，
都推薦使用發酵力穩定的「星野天然酵母種」來培養酵母酵母生種。
並以此為原種，對烘烤天然酵母麵包極力推崇。
在本書中，同樣使用「星野天然酵母種」來製作。

●材料

星野天然酵母種
.... 50g（大3匙）
水（30℃）...................... 100cc
★吐司1斤用量約4至5次，
　吐司1.5斤用量約3次。

麵包容器

星野天然酵母種

水

麵包機附贈的量杯配件。

●作法

1 在量杯內倒入100cc水溫
25℃至30℃的水。請確認
杯子不要沾附髒物。

2 把星野天然酵母種倒入①。

3 以乾淨的湯匙攪拌均勻。

4 以量杯專用的杯蓋封口，如
果沒有可以保鮮膜取代。

5 將量杯放入麵包機內，並按
下培養酵母生種的開始鍵。

6 24小時後酵母生種完成！
當完成的蜂鳴聲響起時，盡
快取出。

● 培養完成的酵母生種會隨著置放時間發酵力將逐漸減弱。

● 培養完成的酵母生種請務必放入冰箱冷藏保存，保存期限為5至7日。

● 請不要將新、舊酵母生種混合在一起。

● 室溫超過30℃以上時，有可能會培養失敗。

● 在培養酵母生種時，請務必詳閱購買機種的使用說明書。

每天都想吃的
簡單麵包

以下介紹將粉類本身飽足醇厚的組合風味，
提升至淋漓盡致的17款麵包。
除了可在早餐時刻享用，
麵包的簡單風味也可以和鹹味料理作完美的搭配，
很適合當作午餐&晚餐的主食喔！

試吃會上的人氣No.1！
基本款早餐麵包

●材料	1斤	1.5斤
牛奶	30cc	45cc
水	110cc	165cc
酵母酵母生種	24g	36g
洗雙糖（或黍砂糖）	8g	12g
高筋麵粉	250g	375g
鹽	4.5g	6.8g
奶油	8g	12g

	1斤	1.5斤
無牛奶時加水	135cc	202cc

●作法

1 將水與牛奶放入麵包容器內。放材料的原則大多都要先放入液體類。

2 加入酵母酵母生種。

3 依序加入砂糖、高筋麵粉、鹽。粉類則接在液體類之後放入。

4 加入奶油。

5 將麵包容器放入麵包機內，蓋上蓋子後，選擇天然酵母麵包品項，按下開始鍵。

6 完成！發出烘烤完成的嗶嗶聲後，立刻打開蓋子，冷卻5分鐘左右。若放置超過5分鐘，麵包會收縮凹陷。

7 為避免燙傷，請務必使用抹布或隔熱手套，再將麵包由麵包容器中取出。晃動麵包容器，麵包較易取出。若有麵包冷卻架或網架，請先將取出的麵包暫時靜置其上，待慢慢放涼即可。剛烤好的麵包口感美味，隨著時間經過，味道會逐漸沉澱，醇厚深度有層次正是天然酵母麵包的特徵之一。

養生期望值No.1！

無添加蛋‧乳製品‧砂糖の早餐麵包

●材料	1斤	1.5斤
水	135cc	202cc
酵母酵母生種	24g	36g
本味醂（可以楓糖漿或蜂蜜代替）	8g	12g
高筋麵粉	280g	420g
鹽	4g	6g

●作法

❶根據材料表，由上而下依序將所有的材料放入麵包容器後，選擇天然酵母麵包品項，按下開始鍵。

軟Q度UP！

寒天麵包

●材料	1斤	1.5斤
水	160cc	240cc
酵母酵母生種	28g	42g
蜂蜜	6g	9g
高筋麵粉	280g	420g

	1斤	1.5斤
寒天粉	8g	12g
鹽	4.5g	6.8g
橄欖油	6g	9g

●作法

❶根據材料表由上而下依序將所有的
材料放入麵包容器後，選擇天然酵母
麵包品項，按下開始鍵。

加入油脂將裸麥的酸味轉化為鬆軟適中的口感

裸麥 × 油脂的溫潤麵包

●材料 ※非素	1斤	1.5斤		1斤	1.5斤
水	150cc	225cc	裸麥麵粉	50g	75g
酵母酵母生種	28g	42g	鹽	5g	7.5g
蜂蜜	14g	21g	豬油	10g	15g
高筋麵粉	200g	300g			

●作法

❶根據材料表，由上而下依序將所有的材料放入麵包容器後，選擇天然酵母麵包品項，按下開始鍵。

扎實有嚼勁的口感為其魅力

裸麥 × 全麥麵粉的麵包

●材料	1斤	1.5斤
水	150cc	225cc
酵母酵母生種	26g	39g
裸麥麵粉	30g	45g
全麥麵粉	150g	225g
高筋麵粉	90g	135g

	1斤	1.5斤
日本黑砂糖	14g	21g
鹽	4g	6g
奶油	10g	15g

●作法

❶根據材料表，由上而下依序將所有的材料放入麵包容器後，選擇天然酵母麵包品項，按下開始鍵。

品嚐全麥麵粉比例不同的差異！
深具醇厚香味、嚼勁、口感的全麥麵包

喜愛Q軟口感
全麥麵粉**20%**

傳統的口味最具人氣！
全麥麵粉**40%**

●材料 全麥麵粉20%	1斤	1.5斤
水	150cc	225cc
酵母酵母生種	26g	39g
日本黑砂糖	10g	15g
全麥麵粉	56g	84g
高筋麵粉	224g	336g
鹽	4.5g	6.8g

●材料 全麥麵粉40%	1斤	1.5斤
水	150cc	225cc
酵母酵母生種	26g	39g
日本黑砂糖	10g	15g
全麥麵粉	112g	168g
高筋麵粉	168g	252g
鹽	4.5g	6.8g

偏愛微硬的口感
全麥麵粉**60**%

若是喜愛厚實帶硬的麵包
全麥麵粉**80**%

●材料 全麥麵粉60%	1斤	1.5斤
水	150cc	225cc
酵母酵母生種	26g	39g
日本黑砂糖	10g	15g
全麥麵粉	168g	252g
高筋麵粉	112g	168g
鹽	4.5g	6.8g

●材料 全麥麵粉80%	1斤	1.5斤
水	150cc	225cc
酵母酵母生種	26g	39g
日本黑砂糖	10g	15g
全麥麵粉	224g	336g
高筋麵粉	56g	84g
鹽	4.5g	6.8g

●作法

❶根據材料表，由上而下依序將所有的材料放入麵包容器後，選擇天然酵母麵包品項，按下開始鍵。

豐富的纖維質！
燕麥麵包

●材料	1斤	1.5斤
水	140cc	210cc
酵母酵母生種	28g	42g
楓糖漿	10g	15g
高筋麵粉	250g	375g
燕麥麵粉	30g	45g
鹽	4.5g	6.8g
橄欖油	4g	6g

●作法
❶根據材料表，由上而下依序將所有的材料放入麵包容器後，選擇天然酵母麵包品項，按下開始鍵。

聞得到淡淡的蘋果香氣
雜糧麵包

●材料	1斤	1.5斤
綜合雜糧	25g	38g
山藥（磨碎成泥狀）	40g	60g
蘋果汁（100%純汁）	90cc	135cc

	1斤	1.5斤
蜂蜜	4g	6g
酵母酵母生種	28g	42g
高筋麵粉	250g	375g
鹽	4.5g	6.8g

●作法
❶雜糧以沸騰的開水煮約6分鐘左右，再盛於竹篩上將水瀝乾。稍微放涼。
❷材料表由上面下，依序將①與所有的材料放入麵包容器後，選擇天然酵母麵包品項，按下開始鍵。

温潤濃郁的風味

玄米麵包

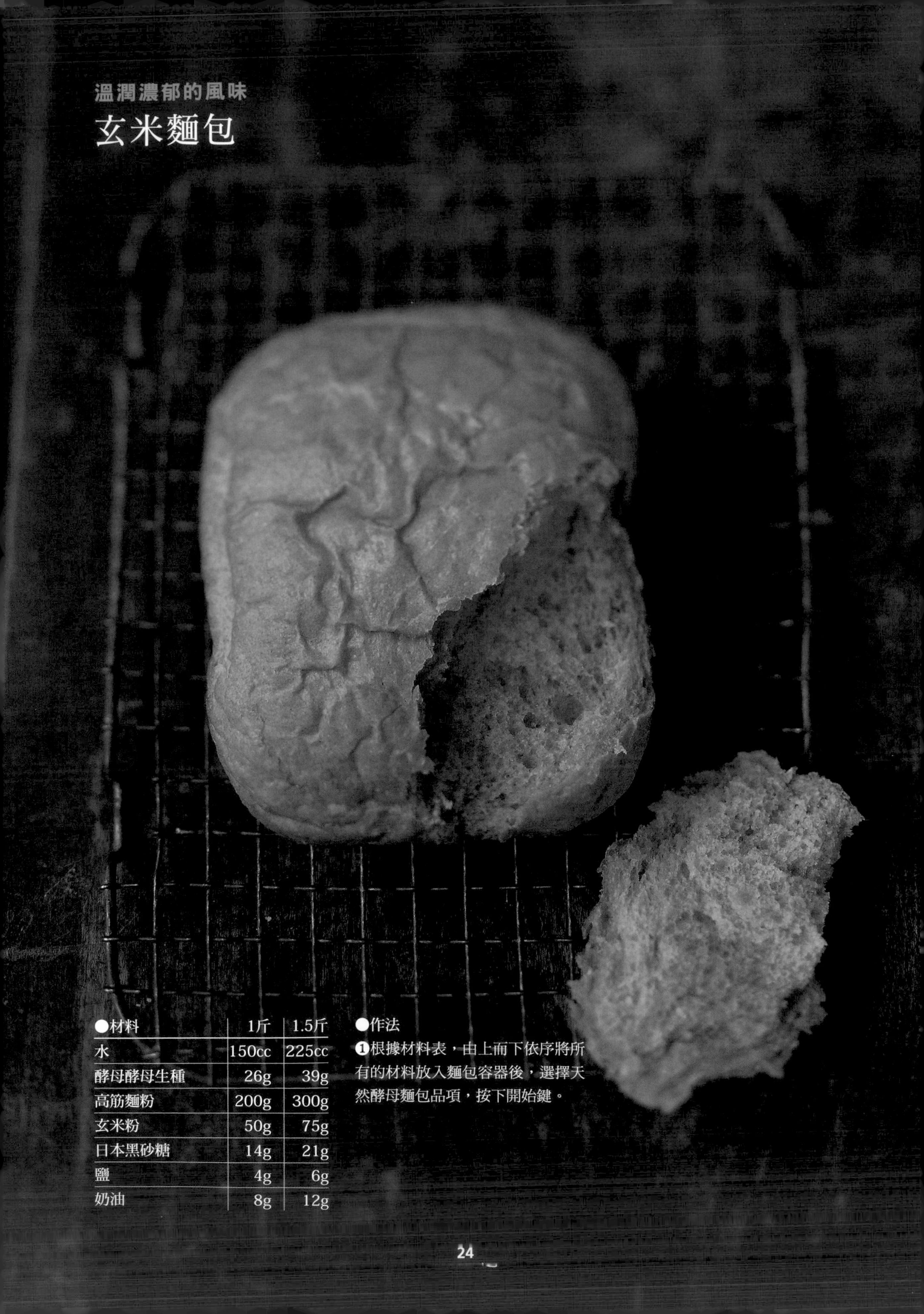

●材料	1斤	1.5斤
水	150cc	225cc
酵母酵母生種	26g	39g
高筋麵粉	200g	300g
玄米粉	50g	75g
日本黑砂糖	14g	21g
鹽	4g	6g
奶油	8g	12g

●作法

❶根據材料表，由上而下依序將所有的材料放入麵包容器後，選擇天然酵母麵包品項，按下開始鍵。

24

吐司塗上奶油 百分百的絕配！

蕎麥麵包

●材料	1斤	1.5斤
水	140cc	210cc
酵母酵母生種	24g	36g
蜂蜜	10g	15g
高筋麵粉	270g	405g
蕎麥麵粉	30g	45g
鹽	4g	6g
奶油	8g	12g

●作法

❶根據材料表，由上而下依序將所有的材料放入麵包容器後，選擇天然酵母麵包品項，按下開始鍵。

沙沙的口感，讓腸胃無比順暢！

豆腐渣麵包

●材料	1斤	1.5斤
水	140cc	210cc
酵母酵母生種	24g	36g
蜂蜜	14g	21g
高筋麵粉	270g	405g
豆腐渣	30g	45g
鹽	4g	6g
橄欖油	6g	9g

●作法

❶根據材料表，由上而下依序將所有的材料放入麵包容器後，選擇天然酵母麵包品項，按下開始鍵。

戒不掉那溫潤爽口的風味

優格麵包

●材料	1斤	1.5斤		1斤	1.5斤
優格	50g	75g	高筋麵粉	200g	300g
牛奶	90cc	135cc	全麥麵粉	50g	75g
酵母酵母生種	28g	42g	鹽	4g	6g
蜂蜜	8g	12g	奶油	15g	23g

●作法

❶根據材料表，由上而下依序將所有的材料放入麵包容器後，選擇天然酵母麵包品項，按下開始鍵。

味噌提味帶出醇厚的口感
全麥麵粉の味噌麵包

●材料	1斤	1.5斤
水	160cc	240cc
味噌	10g	15g
酵母酵母生種	26g	39g
高筋麵粉	180g	270g
全麥麵粉	100g	150g
黍砂糖	10g	15g
鹽	3.5g	5.3g

●作法
❶根據材料表，由上而下依序將所有的材料放入麵包容器後，選擇天然酵母麵包品項，按下開始鍵。

★由於味噌有甘甜鹹香的差異，請依照喜好自行調配。

帶有濃醇風味的
芝麻餡麵包

●材料	1斤	1.5斤
水	130cc	195cc
白芝麻糊	40g	60g
酵母酵母生種	26g	39g
楓糖漿	20g	30g
高筋麵粉	280g	420g
鹽	4.5g	6.8g

●作法
❶根據材料表，由上而下依序將所有的材料放入麵包容器後，選擇天然酵母麵包品項，按下開始鍵。

添加
水果&蔬菜&堅果

以下要介紹的是，藉由添加甜度高的果乾，
減少糖分配料的麵包，
或將小朋友不愛的蔬菜揉入麵團的蔬菜麵包，
以及將能提高香氣並具高營養價值的
堅果焙入的麵包。
馬上來製作既美味又健康的麵包吧！

無花果的香甜&麵粉的酸味最契合！
全麥麵粉の無花果麵包

●材料

	1斤	1.5斤
水	160cc	240cc
酵母生種	26g	39g
蜂蜜	12g	18g
高筋麵粉	200g	300g
全麥麵粉	50g	75g
肉桂粉（若無，亦可不放）	一小撮	一小撮

	1斤	1.5斤
鹽	4g	6g
提示音響器後投入		
無花果乾（切成約 1cm 大小的塊狀。若較硬可先以水泡軟後再切塊。）	45g	68g

●作法

1 將水與酵母生種放入麵包容器內。原則上，要先放入液體類。

2 加入蜂蜜。

3 依序加入高筋麵粉、全麥麵粉、肉桂粉、鹽。粉類則接在液體類之後放入。

4 將麵包容器放入麵包機內，蓋上蓋子後，選擇天然酵母麵包品項，按下開始鍵。若麵包機本身附有自動投入配料的功能，可以在果實容器中事先放入無花果乾。

5 Mix Call（中途提醒投入配料的蜂鳴器）發出響聲後，打開上蓋添加無花果乾，並隨即關閉蓋子。

6 完成！發出烘烤完成的嗶嗶聲後，立刻打開蓋子，冷卻5分鐘左右，再將麵包由麵包容器中取出。

沉醉在莓果交融的協奏曲中

紅藍雙莓果麵包

●材料	1斤	1.5斤
水	150cc	225cc
酵母生種	26g	39g
蜂蜜	4g	6g
高筋麵粉	200g	300g

	1斤	1.5斤
全麥麵粉	50g	75g
鹽	4.5g	6.8g
藍莓乾	30g	45g
蔓越莓乾	40g	60g

●作法

❶根據材料表，由上而下依序將所有的材料放入麵包容器後，選擇天然酵母麵包品項，按下開始鍵。

享受緩慢回甘的柚香
柚子蜜柑麵包

●材料	1斤	1.5斤
橘子汁	100cc	150cc
水	60cc	90cc
酵母生種	26g	39g

	1斤	1.5斤
蜂蜜	24g	36g
高筋麵粉	280g	420g
鹽	4g	6g
柚子皮 （切成細絲）	5g	5g

●作法

❶根據材料表，由上而下依序將所有的材料放入麵包容器後，選擇天然酵母麵包品項，按下開始鍵。

香蕉＋可可亞王道的組合果然名不虛傳！

香蕉可可亞麵包

●材料	1斤	1.5斤
水	90cc	135cc
香蕉（捏成一口大小）	70g	105g
酵母生種	30g	45g
蜂蜜	16g	24g

	1斤	1.5斤
高筋麵粉	270g	405g
可可粉	8g	12g
鹽	4.5g	6.8g

●作法

❶根據材料表，由上而下依序將所有的材料放入麵包容器後，選擇天然酵母麵包品項，按下開始鍵。

熱帶旋風般的濃郁爽口！滋味在口中擴散開來

芒果椰子麵包

芒果乾於提示音響
起後，手動投入！

●材料	1斤	1.5斤
水	150cc	225cc
酵母生種	28g	42g
蜂蜜	10g	15g
高筋麵粉	250g	375g

	1斤	1.5斤
椰仁絲 （或是椰子果片）	40g	60g
鹽	4g	6g
── 提示音響起後，手動投入 ──		
芒果乾（切成2cm寬）	45g	68g

●作法

❶根據材料表，由上而下依序將材料放入麵包容器後（果乾除外），選擇天然酵母麵包品項，按下開始鍵。

❷Mix Call（中途提醒投入配料的蜂鳴器）發出響聲後，即加入芒果乾。

彷彿香蕉熟透般的美味……

香蕉口味裸麥麵包

●材料	1斤	1.5斤
水	90cc	135cc
香蕉（捏成一口大小）	80g	120g
酵母生種	28g	42g
蜂蜜	16g	24g

	1斤	1.5斤
裸麥麵粉	25g	38g
高筋麵粉	250g	375g
鹽	4.5g	6.8g
奶油	4g	6g

●作法

❶根據材料表，由上而下依序將所有的材料放入麵包容器後，選擇天然酵母麵包品項，按下開始鍵。

紅茶香×杏桃酸甜滋味的完美結合
格雷伯爵紅茶杏桃麵包

杏桃乾於提示音響
起後，手動投入！

●材料	1斤	1.5斤
水	150cc	225cc
酵母生種	26g	39g
楓糖漿	14g	21g
全麥麵粉	125g	188g
高筋麵粉	125g	188g

	1斤	1.5斤
紅茶 （格雷伯爵茶）	約 不到1袋 2g	約 1袋 2.3g
鹽	4g	6g
—— 提示音響起後，手動投入 ——		
杏桃乾（作4等分）	40g	60g

●作法

❶紅茶事先由茶包中取出。根據材料表，由上而下依序將材料放入麵包容器後（杏桃乾除外），選擇天然酵母麵包品項，按下開始鍵。

❷Mix Call（中途提醒投入配料的蜂鳴器）發出響聲後，即加入杏桃乾。

就連不愛胡蘿蔔的孩子也能大口大口地享用！

胡蘿蔔麵包

●材料	1斤	1.5斤
水	80cc	120cc
胡蘿蔔 （磨碎成泥狀）	70g	105g
酵母生種	26g	39g
蜂蜜	14g	21g
高筋麵粉	250g	375g
杏仁粉	30g	45g
鹽	4g	6g
橄欖油	8g	12g

●作法

❶根據材料表，由上而下依序將所有的材料放入麵包容器後，選擇天然酵母麵包品項，按下開始鍵。

熱呼呼的甘甜味讓人一口接一口……

南瓜麵包

●材料	1斤	1.5斤
南瓜 （蒸熟後壓碎）	100g	150g
牛奶	50cc	75cc
水	40cc	60cc
酵母生種	28g	42g
楓糖漿	12g	18g
高筋麵粉	250g	375g
肉桂粉	一小撮	一小撮
鹽	4g	6g
奶油	16g	24g

●作法
❶將南瓜切成3cm寬的大小，蒸約15分鐘後（可以竹籤穿透的程度即可），帶皮壓碎。
❷根據材料表，由上而下依序將①與所有的材料放入麵包容器後，選擇天然酵母麵包品項，按下開始鍵。

Q軟帶勁的麵團中夾著熱騰騰的豆子
黑豆甘納豆麵包

●材料	1斤	1.5斤
水	70cc	105cc
山藥 （磨碎成泥狀）	80g	120g
酵母生種	28g	42g
楓糖漿	14g	21g
高筋麵粉	280g	420g
鹽	4g	6g
── 提示音響起後，手動投入 ──		
黑豆甘納豆	50g	75g

●作法

❶根據材料表，由上而下依序將所有的材料放入麵包容器後（黑豆甘納豆除外），選擇天然酵母麵包品項，按下開始鍵。

❷Mix Call（中途提醒投入配料的蜂鳴器）發出響聲後，即加入黑豆甘納豆。

黑豆甘納豆
於提示音響起後，
手動投入！

在被喻為森林奶油的酪梨中加入梅乾提香
酪梨梅乾麵包

●材料	1斤	1.5斤
水	80cc	120cc
酪梨 （去除種子與外皮）	70g	105g
酵母生種	28g	42g
楓糖漿	20g	30g
高筋麵粉	250g	375g
全麥麵粉	25g	38g
鹽	5g	7.5g
├── 提示音響起後，手動投入 ──┤		
梅乾（切半）	45g	68g

●作法

❶將酪梨切半去籽，並以湯匙挖出果肉。

❷根據材料表，由上而下依序將①與材料放入麵包容器後（梅乾除外），選擇天然酵母麵包品項，按下開始鍵。

❸Mix Call（中途提醒投入配料的蜂鳴器）發出響聲後，即加入梅乾。

★切成薄片食用，更加美味。

梅乾於提示音響起後，手動投入！

讓濃郁香氣躍上心頭的橙皮！

滿滿堅果麵包

●材料	1斤	1.5斤
水	150cc	225cc
酵母生種	26g	39g
高筋麵粉	240g	360g
全麥麵粉	40g	60g
研磨黑芝麻粉	10g	15g
松子	18g	27g
核桃	20g	30g
日本黑砂糖	10g	15g
鹽	4g	6g
—— 提示音響起後，手動投入 ——		
橙皮（切成一口大小）	20g	30g

●作法
❶根據材料表，由上而下依序將所有的材料放入麵包容器後（橙皮除外），選擇天然酵母麵包品項，按下開始鍵。
❷Mix Call（中途提醒投入配料的蜂鳴器）發出響聲後，即加入橙皮。

橙皮於提示音響起後，手動投入！

製作訣竅在於預先揉入與投入加料的兩種添加法！

雙倍核桃の全麥麵包

使用預先揉入
與之後投入的
雙倍核桃！

●材料	1斤	1.5斤		1斤	1.5斤
水	150cc	225cc	日本黑砂糖	16g	24g
酵母生種	28g	42g	鹽	4.5g	6.8g
高筋麵粉	200g	300g	奶油	10g	15g
全麥麵粉	50g	75g	提示音響起後，手動投入		
核桃（揉入麵團用）	30g	45g	核桃（手動投料）	35g	53g

●作法

❶根據材料表，由上而下依序將材料放入麵包容器後（核桃除外），選擇天然酵母麵包品項，按下開始鍵。

❷Mix Call（中途提醒投入配料的蜂鳴器）發出響聲後，添加手動投料的核桃。

讓喜愛和菓子的你吃吃看！

艾蒿麵包

●材料	1斤	1.5斤
水	160cc	240cc
酵母生種	28g	42g
楓糖漿	16g	24g
高筋麵粉	250g	375g
全麥麵粉	30g	45g
艾蒿粉	6g	9g
鹽	4g	6g

●作法
❶根據材料表，由上而下依序將所有的材料放入麵包容器後，選擇天然酵母麵包品項，按下開始鍵。

強力推薦給愛吃米飯的你！

海帶芽麵包

●材料	1斤	1.5斤
水	140cc	210cc
酵母生種	26g	39g
高筋麵粉	280g	420g
海帶芽（乾燥）	14g	21g
洗雙糖（或黍砂糖）	5g	7.5g
鹽	4.5g	6.8g
橄欖油	6g	9g

●作法

❶海帶芽事先以水浸泡至恢復原狀。

❷根據材料表，由上而下依序將①與所有的材料放入麵包容器後，選擇天然酵母麵包品項，按下開始鍵。

佐葡萄酒享用這股純粹的成熟風味

藍紋乳酪&無花果乾の大人味麵包

●材料	1斤	1.5斤
水	150cc	225cc
酵母生種	26g	39g
蜂蜜	8g	12g
高筋麵粉	250g	375g

	1斤	1.5斤
全麥麵粉	25g	38g
鹽	4.5g	6.8g
藍紋乳酪	50g	75g
—— 提示音響起後，手動投入 ——		
無花果乾 （切成1cm大小， 若乾硬難切可先以水 浸泡至恢復原狀。）	40g	60g

●作法

❶根據材料表，由上而下依序將所有的材料放入麵包容器後，選擇天然酵母麵包品項，按下開始鍵。

❷Mix Call（中途提醒投入配料的蜂鳴器）發出響聲後，即加入無花果乾。

無花果乾
於提示音響起後，
手動投入！

清爽的輕甜點
黃金吐司

以下將介紹多款適合假日早午餐或午茶輕食時光享用，
且帶有輕甜點風又富濃郁香氣的麵包。
即使忍不住多吃了幾口，但比起市售麵包，
在奶油與糖分的用量上控制得宜，
大可安心食用，讓人吃得放心又幸福！

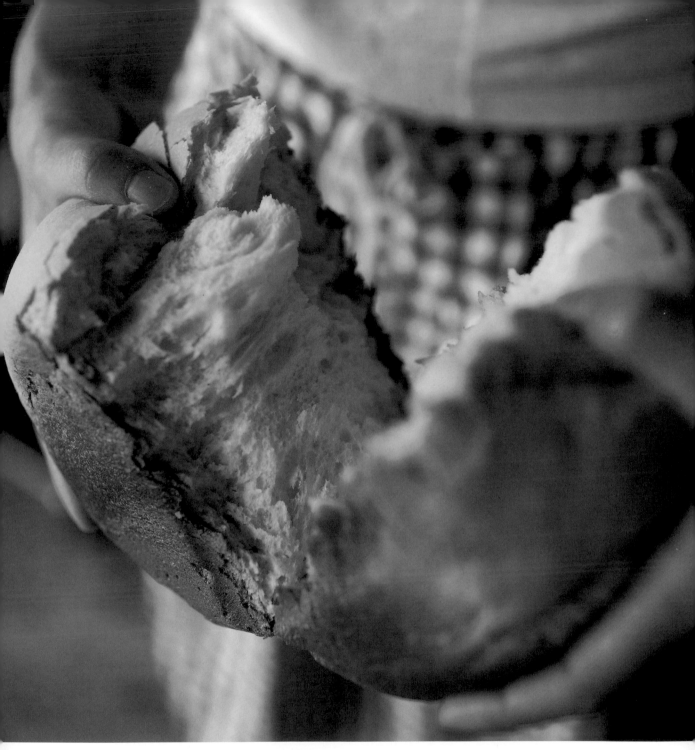

烘焙出吐司本身飽滿的甜度 & 厚實感
無鹽奶油風味吐司

●材料	1斤	1.5斤
蛋液（打散的蛋）	100g	150g
牛奶	50cc	75cc
酵母生種	26g	39g
高筋麵粉	280g	420g

	1斤	1.5斤
洗雙糖（或黍砂糖）	45g	68g
鹽	4.5g	6.8g
奶油	50g	75g

●作法

❶根據材料表，由上而下依序將所有的材料放入麵包容器後，選擇天然酵母麵包品項，按下開始鍵。

甜如蜜的栗子散發出濃郁韻味

甜栗子麵包

●材料	1斤	1.5斤
水	100cc	150cc
鮮奶油	50g	75g
酵母生種	24g	36g
高筋麵粉	250g	375g

	1斤	1.5斤
去皮甜栗	50g	75g
洗雙糖(或黍砂糖)	24g	36g
鹽	4g	6g

●作法

❶根據材料表，由上而下依序將所有的材料放入麵包容器後，選擇天然酵母麵包品項，按下開始鍵。

無論搭配濃醇的咖啡，或略帶澀甘的紅酒都很對味

葡萄乾奶油乳酪麵包

●材料	1斤	1.5斤
水	150cc	225cc
酵母生種	26g	39g
高筋麵粉	260g	390g
洗雙糖（或黍砂糖）	16g	24g
鹽	4g	6g
奶油乳酪	50g	75g
——— 提示音響起後，手動投入 ———		
葡萄乾	35g	52g

●作法

1 將水與酵母生種放入麵包容器內。原則上，要先放入液體類。

2 依序加入高筋麵粉、砂糖、鹽。粉類則接在液體類之後放入。

3 加入奶油乳酪。

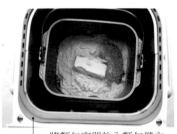

4 將麵包容器放入麵包機內，蓋上蓋子後，選擇天然酵母麵包品項，按下開始鍵（若麵包機本身附有自動投入配料的功能，可以在果實容器中事先放入葡萄乾）。

5 Mix Call（中途提醒投入配料的蜂鳴器）發出響聲後，打開上蓋添加葡萄乾，並隨即關閉蓋子。

6 完成！發出烘烤完成的嗶嗶聲後，立刻打開蓋子，冷卻5分鐘左右，再將麵包由麵包容器中取出。

可可豆的甜苦滋味令人回味無窮！

可可亞麵包

●材料	1斤	1.5斤
蛋液（打散的蛋）	50g	75g
牛奶	100cc	150cc
酵母生種	26g	39g
高筋麵粉	260g	390g
可可粉	20g	30g
洗雙糖（或黍砂糖）	40g	60g
鹽	4g	6g
奶油	18g	27g

●作法

❶根據材料表，由上而下依序將所有的材料放入麵包容器後，選擇天然酵母麵包品項，按下開始鍵。

花蜜的微甜香氣，帶出優質甜味
蜂蜜麵包

●材料	1斤	1.5斤
牛奶	100cc	150cc
水	60cc	90cc
酵母生種	28g	42g
蜂蜜	50g	75g
高筋麵粉	280g	420g
鹽	4g	6g
奶油	10g	15g

●作法
❶根據材料表，由上而下依序將所有的材料放入麵包容器後，選擇天然酵母麵包品項，按下開始鍵。

肉桂捲

●材料 ※蛋奶素		1斤	1.5斤
蛋液（打散的蛋）		50g	75g
水		100cc	150cc
酵母生種		26g	39g
高筋麵粉		280g	420g
砂糖		30g	45g
鹽		4g	6g
奶油		30g	45g
肉桂粉奶油			
A	奶油	40g	60g
	日本黑砂糖	40g	60g
	肉桂粉	⅔大茶匙	1大茶匙

●作法　　　　　●製作肉桂奶油醬
將材料A的奶油置於室溫中軟化，
並混合日本黑砂糖、肉桂粉充分的攪拌均勻。

1 將A以外的材料，由上而下
依序放入，選擇天然酵母麵
包品項，約4個半小時後取
出麵團。此時，蓋子不要關
閉，電源也不要切斷。

2 將步驟①的麵團整圓，並以
切麵刀分切成2等分。

3 各別將步驟②以擀麵棍擀成
10cm×45cm的麵餅。

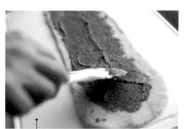

4 於步驟③的麵餅上，各別塗
抹半量的肉桂奶油醬。麵團
的周邊預留約2cm左右，不
抹醬料。

5 從近身側開始將步驟④捲起來。

6 雙手拿著步驟⑤，以左手固
定，並以右手轉動並扭轉麵
團。以此步驟製作2條。

7 將步驟⑥捲編成一體。

8 將步驟⑦呈螺旋狀放入拆掉葉片的麵包容器中。從步驟②到此步驟，
必須在10分鐘以內完成。
★若於進行「烘烤」前（烘烤完成約50分鐘前），打開蓋子，再將打
散的蛋液（分量外）塗在麵團表面，烤色會比較油光亮澤。

杏仁的清爽滋味在唇齒間蔓延開來

檸檬風味の杏仁麵包

●材料 ※蛋奶素	1斤	1.5斤
蛋液（打散的蛋）	50g	75g
牛奶	80cc	120cc
酵母生種	28g	42g
杏仁粉	50g	75g

	1斤	1.5斤
高筋麵粉	230g	345g
檸檬皮（磨碎成泥狀）	½ 顆量	½ 顆量
洗雙糖（或黍砂糖）	40g	60g
鹽	4g	6g
奶油	20g	30g

●作法

❶根據材料表，由上而下依序將所有的材料放入麵包容器後，選擇天然酵母麵包品項，按下開始鍵。

由同一種麵團變化出
種多款風味麵包
手感成型麵包！

只要麵包機有揉麵或一次發酵的功能，
就放心地將天然酵母麵團交由麵包機製作，
即使你再忙碌也可以嘗試作出手感成型麵包！
以下將介紹可由同一種麵團作出數種不同風味的麵包食譜，
學會之後就可以自己嘗試製作手感成型麵包，
手感成型麵包的初學者，也一定要試著挑戰看看！

本書中使用瓦斯式烤箱，若使用電爐式烤箱，或因烤箱機種的功能不同，
使得火力的控溫狀態有所差異，請配合自家的烤箱，適當調整時間或溫度。

使用基本款麵團

不需2次發酵，就能如此美味

麵粉＋水的簡易麵包

●材料 （4個分）

水 ……………………………… 130cc
酵母生種 ……………………… 24g
高筋麵粉 ……………………… 250g
鹽 ……………………………… 4g

●作法

1 根據材料表，由上而下依序將所有的材料放入麵包容器後，選擇天然酵母麵團的製作品項，按下開始鍵（需要設定發酵時間的機種，則設定為3小時40分鐘）。

★可以直接品嚐到小麥香，QQ軟軟的口感，令人口齒留香。

2 麵團完成後，取出步驟①的麵團，分切成4等分。

3 為使麵團出筋，以手掌輕輕按壓②的麵團，擠出空氣。

4 將麵團揉成圓形。　將麵團對摺收口處朝上，再由近身處往外側摺。重複此步驟2至3次。

5 在掌心或砧板上滾動，使收口處變得光滑平整。

6 將步驟⑤置於托盤上，為使麵團保持濕潤，請覆上保鮮膜靜置30分鐘。

7 將步驟⑥擀成直徑15cm、厚3至4mm的圓形，放入預熱至240℃的烤箱內，烘烤約6分鐘。

蒸包子

●材料（8個分）※非素
麵粉＋水的簡易麵團 ………… 全量

●內餡
豬絞肉 ……………………… 120g
青蔥 …………………………… ⅓根
生薑（磨碎）………………… 少量
蠔油 ………………………… 1小茶匙
鹽、胡椒 …………………… 各少許

❶將內餡的材料攪拌在一起。
❷將簡易麵包步驟①的麵團分切成8等分，並揉成團狀後靜置30分鐘（③至⑥同上述的作法）。
❸將步驟②以掌心壓平成麵皮。
❹將內餡置於步驟③後包起來。
❺將步驟④放在裁成小片的烘焙紙上，置於沸騰的蒸籠中，蒸上15分鐘。

加入全麥麵粉，別具濃厚風味

可頌：法式牛角麵包

●材料（8個分）　※蛋奶素

水	115cc	黍砂糖（或洗雙糖）	20g
酵母生種	20g	鹽	4.2g
高筋麵粉	200g	奶油	10g
全麥麵粉（若無，可以高筋麵粉代替）		夾心用奶油	125g
	50g	蛋液（依喜好添加。上色用）	少許

●夾心用奶油的準備

若使用市售的夾心用奶油（片狀奶油），只要將500g的片狀奶油切作1/4，即可不用稱重直接使用。

將125g的奶油裝入塑膠袋內，再以擀麵棍按壓，擀成13cm×13cm的正方形大小。

●作法

1 根據材料表，由上而下依序將所有的材料放入麵包容器後，選擇天然酵母麵團的製作品項，按下開始鍵。經過9分鐘揉麵後，按下取消鍵。將麵團由麵包容器中取出，以手揉麵整形。

2 將步驟①放入調理盆內，覆上保鮮膜，放入冷藏2至3小時，進行第一次發酵。

3 將步驟②自冰箱冷藏中取出，放在撒上手粉的砧板上按壓。

4 如照片所示，以擀麵棍將麵團擀成四方形大小的麵皮。

5 將夾心用奶油置於麵皮中心，再以麵皮包起來。
最後以手指輕壓收口處整平。

6 以擀麵棍將⑤按壓成長方形，將麵皮摺成三摺。

7 再次將⑥按壓成長方形，並將麵皮摺成三摺。　　　　　　　　以保鮮膜包覆麵皮，放入冰箱冷藏靜
置30分鐘。

8 重複⑥、⑦的步驟。自冷藏
室取出後，再度摺成三摺，
完成後放入冰箱冷藏再靜置
3小時（在此階段可以冷凍
保存）。

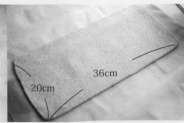

9 以擀麵棍將⑧擀成20cm×36cm左右的長方形。

將麵皮切成等腰三角形。

10 | 裁掉圓圓的邊緣部分。

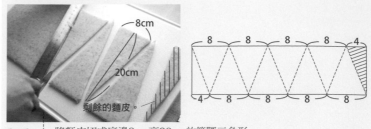

11 | 將麵皮切成底邊8cm高20cm的等腰三角形。

稍微分開

12 | 三角形底邊的中心點稍微切上一刀,並一層層地捲上去。一邊將切口稍微分開,一邊捲起,就能捲出漂亮的形狀。

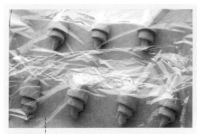

13 |

將12排在烤盤上,為避免乾燥,覆上保鮮膜後,靜置1小時至1個半小時,使其進行最後發酵。膨脹以到大約1.5倍大時為基準。

14 | 於發酵好的13表面上,以毛刷塗上蛋液(依喜好。亦可不塗)。

使用可頌麵團

口感濕潤有彈性的極品好味道
可頌杯子蛋糕

●材料　※蛋奶素
製作可頌時多餘的麵團 ……… 適量
蛋液 …………………………… 適量
洗雙糖（黍砂糖或精製白砂糖皆可）
…………………………………… 少許

●作法

1 將麵團切成邊長約2cm的大小。

2 分裝在鋁製烤杯中。

3 將②排在烤盤上，為避免乾燥，覆上保鮮膜後，靜置50分鐘，進行最後發酵。膨脹約1.5倍大時為基準。

4 於表面塗上蛋液。

5 撒上洗雙糖（或黍砂糖）。

6 放入預熱至200℃的烤箱內，烘烤約10分鐘。

使用可頌麵團

口感豐郁的奶油是好吃的關鍵

杏仁奶油丹麥酥

●材料（12個分） ※蛋奶素

可頌麵團（參閱P.61）…………… 全量

杏仁奶油醬

　奶油 ……………………………… 25g

　洗雙糖（或黍砂糖）…………… 25g

　萊姆酒 ………………………… 少許

　蛋液（全蛋打散）…………… 20g

　低筋麵粉 ………………………… 9g

　杏仁粉 ………………………… 25g

　杏仁粒 ………………………… 適量

1 製作可頌麵團(參閱P.61的步驟①至P.62的步驟⑧)。

2 製作杏仁奶油醬。將室溫下軟化的奶油與砂糖放入調理盆中均勻打發，並加入萊姆酒。一點一點地加入蛋液，並放入低筋麵粉拌勻。接著，再加入杏仁粉拌勻。

3 以擀麵棍將①的可頌麵團擀成厚約1cm的長方形。

4 將③切成2cm寬的長條。

5 扭轉④的條狀麵皮並對摺後，再次扭轉定形。

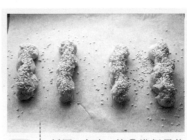

6 於排在烤盤上的⑤塗上杏仁奶油醬，並撒上杏仁粒。

7 靜置1小時，使⑥進行最後發酵。膨脹到大約1.5倍大時為基準。

8 放入預熱至200℃的烤箱內，將⑦烘烤約10分鐘。

使用可頌麵團

想要細細品嚐蘋果的香氣與麵粉風味
蘋果丹麥酥

●材料 （約直徑8cm・約6個分）

可頌麵團（參閱P.61）………… 全量
糖煮蘋果
　蘋果（建議使用紅玉蘋果）……… 1個
　洗雙糖（或黍砂糖）………… 50g
　水 ……………………… 50cc
　檸檬汁 ………………… 1小茶匙
　肉桂粉（粉末）………… 少許
上色用果醬
杏桃醬 ………………… 少許
白蘭地 ………………… 少許

●製作糖煮蘋果。
蘋果削皮，切成7mm寬的扇形。
將剩餘的材料放入鍋中，開火加
熱。沸騰後，撈出浮沫，開小火煮
約10分鐘。

●作法

1 製作可頌麵團（參閱P.61的步驟①至P.62的步驟⑧）。以擀麵棍將可頌麵團擀成5mm厚的麵皮。

2 對齊鋁製烤杯的杯底，切成圓形，鋪在杯底內。

3 以叉子在塔皮上戳出小洞。

4 將②剩餘的麵皮切成1cm寬的長條。

5 扭轉④。

6 將⑤沿著杯緣內側置放。

7 將烤杯內全面鋪滿糖煮蘋果，靜置約1小時，使其進行最後發酵。膨脹到大約1.5倍大時為基準。

8 以毛刷將白蘭地稀釋過的杏桃醬塗在⑦上。

9 放入預熱至200℃的烤箱內，烘烤約16分鐘。

使用基本款麵團

使用土鍋製作！
卡帕尼：鄉村麵包

●材料 （1個分）

水 ······················ 150cc

酵母生種 ············· 24g

楓糖漿（可以本味醂或蜂蜜

代替）················· 4g

高筋麵粉 ··············· 210g

全麥麵粉 ··············· 90g

鹽 ····················· 5g

裸麥麵粉

（或高筋麵粉）········· 少許

●作法

1 根據材料表，由上而下依序將所有的材料放入麵包容器後（裸麥麵粉除外），選擇天然酵母麵團的製作品項，按下開始鍵（需要設定發酵時間的機種，則設定為3小時40分鐘）。

2 取出麵團後，輕輕按壓整平。

3 將麵團揉成圓形，將②的麵團對摺並將收口處朝上，再改為90度或再對摺。在砧板上滾動麵團，以整圓麵團。

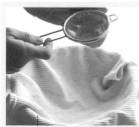 

發酵後

4 在直徑18cm的土鍋（可以淺筐或擂缽代替）內鋪上一層乾布，撒上裸麥麵粉或高筋麵粉，並將麵團收口處朝上放入。

5 土鍋蓋上蓋子後，靜置大約2小時至2個半小時，使其進行最後發酵。膨脹到大約2至2.5倍大時為基準。

6 將土鍋倒放取出麵團，放在烤盤上。

7 於麵團表面撒上裸麥麵粉或高筋麵粉，以料理用剃刀劃出十字形的切痕。

8 烤箱事先預熱至250℃。進爐前在麵團上噴水，放入烤箱後，降溫至230℃，烘烤約10分鐘後，再將降溫至210℃，烘烤約20分鐘（若於烘烤途中噴些水，可使內部較為Q軟，表皮烤出來薄脆）。

無花果的甜味與胡椒的刺激帶出絕妙口感

無花果乾胡椒麵包

●材料（2個分）
卡帕尼麵團（參閱P.71）………… 全量
無花果乾 …………………………… 60g
胡椒 ………………………………… 少許
裸麥麵粉（或高筋麵粉）……… 少許

●作法

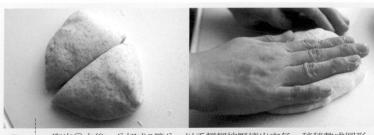

1 製作卡帕尼麵團（參閱P.71 的步驟①）。

2 取出①之後，分切成2等分，以手輕輕按壓擠出空氣，稍稍整成圓形，再靜置30分鐘左右。

3 輕輕按壓②之後，整成圓形。將切成1cm左右的無花果乾排在麵團上，撒上胡椒，包成圓形，牢固地捏合收口處。

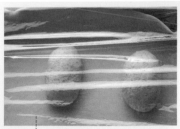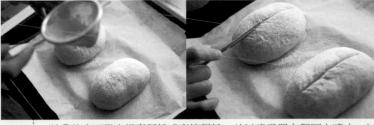

4 將③排放在烤盤上，為避免乾燥，覆上保鮮膜後，靜置1小時至1個半小時，使其最後發酵。膨脹到大約1.5倍至2倍大時為基準。

5 於④的表面撒上裸麥麵粉或高筋麵粉，並以噴霧器在麵團上噴水。以料理用剃刀縱向劃上一刀切痕。

6 烤箱事先預熱至230℃。放入烤箱後，將溫度調降至200℃，烘烤約10分鐘。

使用卡帕尼麵團

淡淡的甜味越嚼越有味道
QQ貝果

●材料（6個分）
卡帕尼麵團（參閱P.71）…………全量
蜂蜜（川燙用）……………………1大茶匙

●作法

1 | 製作卡帕尼麵團（參閱P.71 的步驟①）。

2 | 取出①之後，分切成6等分。

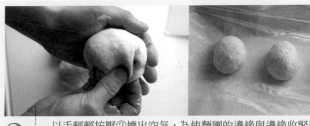

3 | 以手輕輕按壓②擠出空氣，為使麵團的邊緣與邊緣收緊而捏合，輕輕整成圓形後，覆上保鮮膜或濕布，靜置20分鐘。

4 | 以手輕輕按壓③，擠出空氣後，在砧板上滾動麵團，滾成25cm長左右的棒狀。

5 | 將④的兩端接合後，整形成圈狀。收口處要確實地捏緊。

6 | 先將蜂蜜加入沸騰的熱水裡，再放入⑤。兩面各煮1分鐘。

7 | 將⑥排在烤盤上。把烤盤放入預熱至230℃的烤箱內，再將溫度調低至200℃，烘烤約20分鐘左右。

甜而不膩，外皮口感扎實！
美式奶油捲

●材料（10個分）　※蛋奶素

蛋液 ………………………… 30g	鹽 …………………………… 4.2g
水 ………………………… 50cc	奶油 ………………………… 18g
牛奶 ……………………… 50cc	蛋液（依喜好。上色用）……… 少許
酵母生種 ………………… 22g	
蜂蜜 ……………………… 22g	
高筋麵粉 ………………… 250g	

●作法

1 根據材料表，由上而下依序將所有的材料放入麵包容器後（蛋液除外），選擇天然酵母麵團的製作品項，按下開始鍵。（需要設定發酵時間的機種，則設定為3小時40分鐘）。

2 麵團完成後，取出①，分切成10等分。

3 以手輕輕按壓②，擠出空氣後，為使麵團的邊緣與邊緣收緊而捏合，並在手心上整成圓形。

4 將③整成長約15cm的圓錐形。

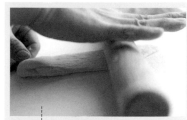

5 以擀麵棍擀④，一邊整形，一邊擀成底4cm、高25cm的細長三角形。

6 自底邊開始將⑤拉起，再往前捲上。

7 將⑥排在烤盤上。以噴霧器在麵團上噴些水，為避免乾燥，覆上保鮮膜後，靜置約1個半小時，使其進行最後發酵。膨脹到大約2倍大時為基準。

8 於⑦表面上，以毛刷塗上蛋液（依喜好，亦可不塗），把烤盤放入預熱至180℃的烤箱內，烘烤約20分鐘左右。

使用美式
奶油捲麵團

將蛋液注入凹處？
奶油豆沙麵包

●材料（8個分）　※蛋奶素
美式奶油捲麵團（參閱P.77）…全量
豆沙餡（市售品）………………320g
蛋液………………………………少許
黑芝麻（依喜好）………………少許

●作法

1　製作捲奶油麵團（參閱P.77的步驟①）。

2　取出①之後，分切成8等分。

3　以手輕輕按壓，擠出空氣。

4　把③放在手掌上整平（邊緣變薄比較容易包東西）。

5　將豆沙餡置於麵皮中心後包起來。

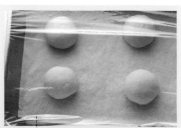

6　將⑤排在烤盤上，以手輕輕按壓之後，為避免麵團乾燥，覆上保鮮膜，靜置約1個半小時，使其進行最後發酵。膨脹到大約2倍大時為基準。

7　以手指沾取蛋液，於⑥的中心處作出凹洞。為使凹洞中填滿蛋液，以毛刷於表面塗上蛋液。把烤盤放入預熱至200℃的烤箱內，烘烤約12分鐘左右。

只有橄欖油與鹽的簡單調味
佛卡夏麵包

●材料（約15cm×30cm・1個分）

水 ……………………………… 150cc
酵母生種 ………………………… 20g
高筋麵粉（也可混合50g左右的全麥麵粉）
……………………………………… 300g
橄欖油 ……………… 11g（約1大茶匙）
鹽 ………………………………… 5g

●作法

1 根據材料表，由上而下依序將所有的材料放入麵包容器後，選擇天然酵母麵團的製作品項，按下開始鍵（需要設定發酵時間的機種，則設定為3小時40分鐘）。

2 麵團完成後，將①取出整圓，靜置30分鐘。

3 將麵團整圓。先以手按壓。　將麵團對摺。　直向捏緊收口處。

將麵團對摺。　整平收口處部分的麵團，並確實地捏緊。　放在砧板上，一邊轉動，一邊滾成圓形。

4 以擀麵棍將③擀成長15cm×寬30cm×厚1cm的麵餅。

5 將④放在烤盤上，並以叉子戳出小洞，靜置約30分鐘。

6 於表面塗上少許（分量外）的橄欖油，並撒上少許（分量外）的粗鹽。

7 把烤盤放入預熱至200℃的烤箱內，烘烤約25分鐘左右。

佛卡夏富有嚼勁的麵團作美味披薩！

麻糬軟Q披薩

●材料（2片分）　※非素

佛卡夏麵團（參閱P.81）········· 全量

藍紋乳酪 ···························· 40g

鯷魚（剁碎）··················· 2小茶匙

柚子胡椒 ···························· 少許

橄欖油 ································ 少許

●作法

1 製作佛卡夏麵團（參閱P.81的步驟①）。

2 將①分切成2等分，輕輕整形，並靜置30分鐘後，將麵團揉圓（參閱P.81的步驟②至③）。

3 以擀麵棍將步驟②擀成直徑20cm大小的麵皮。

4 將③放在烤盤上，以叉子戳出小洞，表面塗上橄欖油。

5 上頭添加鯷魚、柚子胡椒、藍紋乳酪等配料之後，放入預熱至230℃的烤箱內，烘烤約15分鐘左右。

無論是扁平外型或添加芝麻皆美味！
義式麵包棒

●材料（12條分）
佛卡夏麵團（參閱P.81）………… 全量
黑芝麻（6條分）…… 9g（約1大茶匙）

●作法

1 製作佛卡夏麵團（參閱P.81的步驟①）。

2 取出①之後，分切成2等分。取其中一分再分切
成6等分，另一分則包入黑芝麻後，分切成6等
分。

3 分別將每個麵團揉圓。放置於托盤內，為了使麵團保持濕潤，覆上布
或保鮮膜，靜置30分鐘。

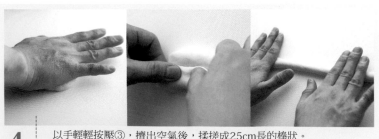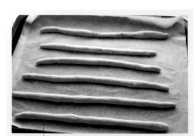

4 以手輕輕按壓③，擠出空氣後，揉搓成25cm長的棒狀。

5 將④排放在烤盤上，放入預熱至200℃烤箱後，烘烤約15至18分鐘。烘烤途中一邊以噴霧器噴水4至5次，一邊烘烤，即能烤成外皮酥脆＆內層Q軟口味獨特的義式麵包棒。將黑芝麻改成乳酪粉也別具風味。

完全不使用任何糖分的硬派麵包

核桃 & 裸麥小餐包

●材料（8個分）

水 ························· 160cc	全麥麵粉 ····················· 100g
酵母生種 ····················· 26g	鹽 ····························· 5g
強力粉 ······················· 140g	核桃（事先剁碎）··············· 60g
裸麥麵粉 ····················· 60g	

●作法

1 根據材料表，由上而下依序將所有的材料放入麵包容器後（核桃除外），選擇天然酵母麵團的製作品項，按下開始鍵（需要設定發酵時間的機種，則設定為3小時40分鐘）。在揉麵結束前，放入剁碎的核桃。

2 取出①的麵團之後，分切成8等分。

3 以手按壓②擠出空氣。

將麵團揉成圓形

4 捏合麵團的邊緣與邊緣並揉圓後，在手心上滾動成型。

5 將④排在烤盤上，為避免麵團乾燥，覆上保鮮膜使其發酵。靜置約1小時左右，使其進行最後發酵。膨脹到大約2倍大時為基準。

6 以噴霧器在⑤上噴些水，放入預熱至240℃的烤箱後，將溫度調降至210℃，烘烤約14分鐘。

使用核桃與裸麥
的小餐包麵團

濃厚的葡萄乾甜度引出麵粉的香氣
核桃葡萄乾麵包

●材料（4條分）
核桃與裸麥小餐包麵團
（參閱P.87）…………………… 全量
葡萄乾（可以乾燥葡萄代替）
………………………… 70g

裸麥麵粉（可以高筋麵粉代替）
………………………… 少許

★從P.86的核桃與裸麥小餐包
開始，可以製作核桃葡萄乾麵
包2條，以及P.90的乳酪麵包2
個！

●作法

1 製作核桃與裸麥小餐包麵團（參閱P.87的步驟①）。

2 將①的麵團分切成4等分後，以手按壓擠出空氣，並揉成圓形，排在托盤上。為了使麵團保持濕潤，覆上布或保鮮膜後，靜置30分鐘。

3 以擀麵棍將②擀成長12cm×寬18cm大小的橢圓形後，撒上葡萄乾。

4 將③捲起來。整平麵團的收口處，確實緊捏。

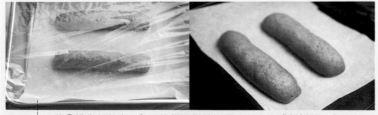 

5 將④排在托盤上，為了使麵團保持濕潤，覆上布或保鮮膜，在30℃下靜置1小時30分鐘至2小時，使其進行最後發酵。膨脹到大約2倍大時為基準。

6 將⑤排在烤盤上，並以濾網於表面撒上裸麥麵粉（或高筋麵粉）。

7 以噴霧器在⑥上噴些水，放入預熱至250℃的烤箱。最初先將溫度調降至220℃，烘烤18分鐘；之後，再將溫度調降至200℃，烘烤5分鐘。

使用核桃與裸麥
的小餐包麵團

以不同種類的乳酪製作，
吃起來就像不同種麵包！

乳酪麵包

●材料（4個分）

製作核桃與裸麥小餐包麵團

（參閱P.87）…………… 全量

喜愛的乳酪丁（事先切成小塊）

…………………………… 50g

軟化的乳酪 ………… 喜愛的分量

●作法

1 製作核桃與裸麥小餐包麵團（參閱P.87的步驟①）。取出麵團，分切成4等分各自揉成圓形後，靜置20分鐘（同P.89的步驟②）。

2 以擀麵棍將①擀成長15cm×寬12cm大小的橢圓形後，放上已切成小塊的乳酪丁。

3 將③捲起來。整平麵團收口處，並確實地捏緊後，再次揉成橢圓形。

4 將③排在托盤上。為了使麵團保持濕潤，覆上布或保鮮膜，靜置1小時左右，使其進行最後發酵。膨脹到大約2倍大時為基準。

5 以料理用剃刀在④的表面劃上一刀後，放上軟化的乳酪。

6 在⑤上噴些水，排在烤盤上。放入預熱至240℃的烤箱中，將溫度調降至220℃之後，烘烤約20分鐘。

專為過敏體質者製作的食材檢核表

很多人因為體質的關係，不能食用蛋、牛奶、奶油、砂糖。
此表則是為此特別製作，是否使用了上述材料，讓人一目瞭然的總表。
●記號表示為使用該項材料。
請參考此表讓你作得開心，吃得安心。

頁數		蛋	牛奶	奶油	砂糖
14	基本款早餐麵包		●	●	● 洗雙糖（黍砂糖）
16	無添加蛋・乳製品・砂糖の早餐麵包				
17	寒天麵包				
18	裸麥×油脂の溫潤麵包				
19	裸麥×全麥麵粉の麵包			●	● 日本黑砂糖
20・21	20%・40%・60%・80%全麥麵粉の麵包				● 日本黑砂糖
22	燕麥麵包				
23	雜糧麵包				
24	玄米麵包			●	● 日本黑砂糖
25	蕎麥麵包			●	
26	豆腐渣麵包				
27	優格麵包		●	●	
28	全麥麵粉の味噌麵包				● 洗雙糖（黍砂糖）
28	芝麻餡麵包				
30	全麥麵粉の無花果麵包				
32	紅藍雙莓果麵包				
33	柚子蜜柑麵包				
34	香蕉可可亞麵包				
35	芒果椰子麵包				
36	香蕉口味裸麥麵包			●	
37	格雷伯爵紅茶杏桃麵包				
38	胡蘿蔔麵包				
39	南瓜麵包		●	●	
40	黑豆甘納豆麵包				
41	鱷梨梅乾麵包				
42	滿滿堅果麵包				● 日本黑砂糖
43	雙倍核桃の全麥麵包			●	● 日本黑砂糖
44	艾蒿麵包				

烘焙良品 43

麵包機OK！初學者也能作黃金比例の天然酵母麵包

作　　者／濱田美里
譯　　者／彭小玲
發 行 人／詹慶和
總 編 輯／蔡麗玲
執行編輯／李佳穎
編　　輯／蔡毓玲・劉蕙寧・黃璟安・陳姿伶・白宜平
封面設計／周盈汝
美術編輯／陳麗娜・李盈儀・翟秀美
內頁排版／造　極
出版者／良品文化館
郵政劃撥帳號／18225950
戶名／雅書堂文化事業有限公司
地址／220新北市板橋區板新路206號3樓
電子信箱／elegant.books@msa.hinet.net
電話／(02)8952-4078
傳真／(02)8952-4084

2015年5月初版一刷　定價 280元

HOME BAKERY DAKARA KANTAN! OGON NO HAIGORITSU DE
TSUKURU HAJIMETENO TENNEN KOBO PAN
©MISATO HAMADA 2007
Originally published in Japan in 2007 by Kawade Shodo Shinsha Ltd.
Publishers, Tokyo.
Chinese translation rights arranged through TOHAN CORPORATION,
TOKYO.
,and Keio Cultural Enterprise Co., Ltd.

總經銷／朝日文化事業有限公司
進退貨地址／235新北市中和區橋安街15巷1號7樓
電話／（02）2249-7714　　傳真／（02）2249-8715

國家圖書館出版品預行編目(CIP)資料

麵包機OK!初學者也能作黃金比例の天然酵母麵包 /
濱田美里著；彭小玲譯. -- 初版. -- 新北市：良品文化
館, 2015.05
　　面；　公分. -- (烘焙良品；43)
ISBN 978-986-5724-34-4(平裝)

1.點心食譜 2.麵包
427.16　　　　　　　　　　　　　　　104004321

STAFF

攝　　影　安田裕
藝術指導　釜內由紀江（GRID）
書本設計　井上大輔（GRID）
　　　　　五十嵐奈央子（GRID）
風格設計　渡辺久子
料理助理　池內名加代
　　　　　大久保和子
校　　閱　今西文子（ケイズオフィス）
　　　　　白土章（ケイズオフィス）
編　　集　斯波朝子
編集助理　山原くい奈

樸實風味の **幸。福。麵。包。**

麵包機作的簡單 & 美味麵包，

帶有小麥層次風味，越嚼越香……

每一口都充滿扎實且富彈性的口感！

同時收錄多款搭配麵包的可口佐菜，

不妨在等待麵包機完成的同時，動手作作看吧！

麵包機作的唷！微油烘焙
38 款天然酵母麵包
「蛋‧奶‧砂糖」100% 無添加

12款手感烘焙 × 9種小餐
4款漬果 × 3種抹醬

濱田美里
miroko Hamada

每款麵包都強調天然酵母×9種小餐口感樂趣！

烘焙良品 31
麵包機作的唷！
微油烘焙 38 款天然酵母麵包

濱田美里◎著
定價：280 元

就是要超手感天然食材

超低卡不發胖點心、酵母麵包
米蛋糕、戚風蛋糕……
讓你驚喜的健康食譜新概念。

烘焙良品 01
好吃不發胖低卡麵包
作者：茨木くみ子
定價：280元
19×26cm・74頁・全彩

烘焙良品 02
好吃不發胖低卡甜點
作者：茨木くみ子
定價：280元
19×26cm・80頁・全彩

烘焙良品 03
清爽不膩口鹹味點心
作者：熊本真由美
定價：300元
19×26cm・128頁・全彩

烘焙良品 04
自己作濃・醇・香牛奶冰淇淋
作者：島本 薰
定價：240元
20×21cm・84頁・彩色

烘焙良品 05
自製天然酵母作麵包
作者：太田幸子
定價：280元
19×26cm・96頁・全彩

烘焙良品 07
好吃不發胖低卡麵包
PART 2
作者：茨木くみ子
定價：280元
19×26公分・80頁・全彩

烘焙良品 09
新手也會作，
吃了會微笑的起司蛋糕
作者：石澤清美
定價：280元
21×28公分・88頁・全彩

（暢銷新裝版）

烘焙良品 10
初學者也 ok！
自己作職人配方の戚風蛋糕
作者：青井聰子
定價：280元
19×26公分・80頁・全彩

烘焙良品 11
好吃不發胖低卡甜點 part2
作者：茨木くみ子
定價：280元
19×26cm・88頁・全彩

烘焙良品 12
荻山和也 × 麵包機
魔法 60 變
作者：荻山和也
定價：280元
21×26cm・100頁・全彩

烘焙良品 13
沒烤箱也 ok！一個平底鍋
作 48 款天然酵母麵包
作者：梶 晶子
定價：280元
19×26cm・80頁・全彩

烘焙良品 15
108 道鬆餅粉點心出爐囉！
作者：佑成二葉・高沢紀子
定價：280元
19×26cm・96頁・全彩

烘焙良品 16
美味限定・幸福出爐！
在家烘焙不失敗的
手作甜點書
作者：杜麗娟
定價：280元
21×28cm・96頁・全彩

烘焙良品 17
易學不失敗的
12 原則 × 9 步驟——
以少少的酵母在家作麵包
作者：幸栄 ゆきえ
定價：280元
19×26・88頁・全彩

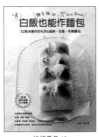

烘焙良品 18
咦，白飯也能作麵包
作者：山田一美
定價：280元
19×26・88頁・全彩

烘焙良品 19
愛上水果酵素手作好料
作者：小林順子
定價：300元
19×26公分・88頁・全彩

烘焙良品 20
自然味の手作甜食
50 道天然食材&愛不釋手
的 Natural Sweets
作者：青山有紀
定價：280元
19×28公分・96頁・全彩

烘焙良品21
好好吃の格子鬆餅
作者：Yukari Nomura
定價：280元
21×26cm・96頁・彩色

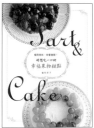

烘焙良品22
好想吃一口的
幸福果物甜點
作者：福田淳子
定價：350元
19×26cm·112頁·全彩

烘焙良品23
瘋狂愛上！有幸福味の
百變司康&比司吉
作者：藤田千秋
定價：280元
19×26 cm·96頁·全彩

烘焙良品25
Always yummy！
來學當令食材作的人氣甜點
作者：磯谷仁美
定價：280元
19×26 cm·104頁·全彩

烘焙良品26
一個中空模型就能作！
在家作天然酵母麵包&蛋糕
作者：熊崎朋子
定價：280元
19×26cm·96頁·彩色

烘焙良品27
用好油，在家自己作點心：
天天吃無負擔·簡單做又好吃の
57款司康·鹹點心·蔬菜點心·
蛋糕·塔·醃漬蔬果
作者：オズボーン未奈子
定價：320元
19×26cm·96頁·彩色

烘焙良品28
愛上麵包機：按一按，超好
作の45款土司美味出爐！
使用生種酵母&速發酵母配方都OK!
作者：桑原奈津子
定價：280元
19×26cm·96頁·彩色

烘焙良品29
Q軟喔！自己輕鬆「養」玄米
酵母 作好吃の30款麵包
養酵母3步驟，新手零失敗！
作者：小西香奈
定價：280元
19×26cm·96頁·彩色

烘焙良品30
從養水果酵母開始，
一次學會究極版老麵×法式
甜點麵包30款
作者：太田幸子
定價：280元
19×26cm·88頁·彩色

烘焙良品31
麵包機作的唷！
微油烘焙38款天然酵母麵包
作者：濱田美里
定價：280元
19×26cm·96頁·彩色

烘焙良品32
在家輕鬆作，
好食味養生甜點&蛋糕
作者：上原まり子
定價：280元
19×26cm·80頁·彩色

烘焙良品33
和風新食感·超人氣白色
馬卡龍40種和菓子內餡的
精緻甜點筆記！
作者：向谷地馨
定價：280元
17×24cm·80頁·彩色

烘焙良品34
好吃不發胖的低卡麵包
PART.3：48道麵包機食譜特集！
作者：茨木くみ子
定價：280元
19×26cm·80頁·彩色

烘焙良品35
最詳細の烘焙筆記書I：
從零開始學餅乾&奶油麵包
作者：稻田多佳子
定價：350元
19×26cm·136頁·彩色

烘焙良品36
彩繪糖霜手工餅乾：
內附156種手繪圖例
作者：星野彰子
定價：280元
17×24cm·96頁·彩色

烘焙良品37
東京人氣名店
VIRONの私房食譜大公開
自家烘培5星級法國麵包！
作者：牛尾則明
定價：320元
19×26cm·104頁·彩色

烘焙良品38
最詳細の烘焙筆記書II
從零開始學起司蛋糕&瑞士卷
作者：稻田多佳子
定價：350元
19×26cm·136頁·彩色

烘焙良品39
最詳細の烘焙筆記書III
從零開始學戚風蛋糕&巧克力蛋糕
作者：稻田多佳子
定價：350元
19×26cm·136頁·彩色

烘焙良品40
美式甜心So Sweet！
手作可愛的紐約風杯子蛋糕
作者：Kazumi Lisa Iseki
定價：380元
19×26cm·136頁·彩色

烘焙良品41
法式經典甜點，貴氣金磚蛋糕：
費南雪
作者：菅又亮輔
定價：280元
19X26cm·96頁·彩色

烘焙良品42
法式原味&經典配方
在家輕鬆作美味的塔
作者：相原一吉
定價：280元
19X26cm·96頁·彩色